U0073285

Hong Kong Super Star Cat

Cream Bro

解憂貓店長★尖東忌廉哥

瑞昇文化

目次

你好！

• Bali • Massachusetts • Tokyo

我是忌廉哥

咦
!?

工作中…

忌廉哥大剖析！

忌廉哥的身體檔案

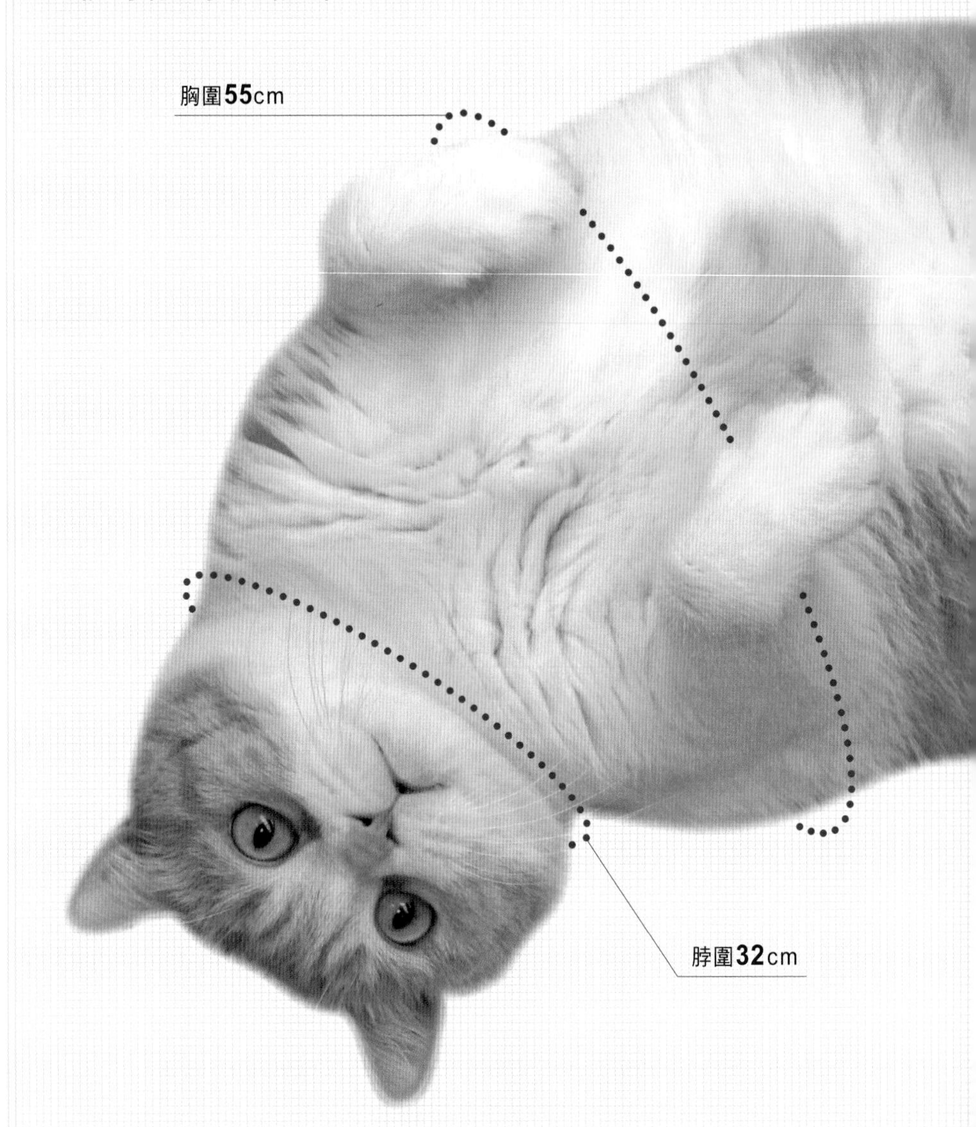

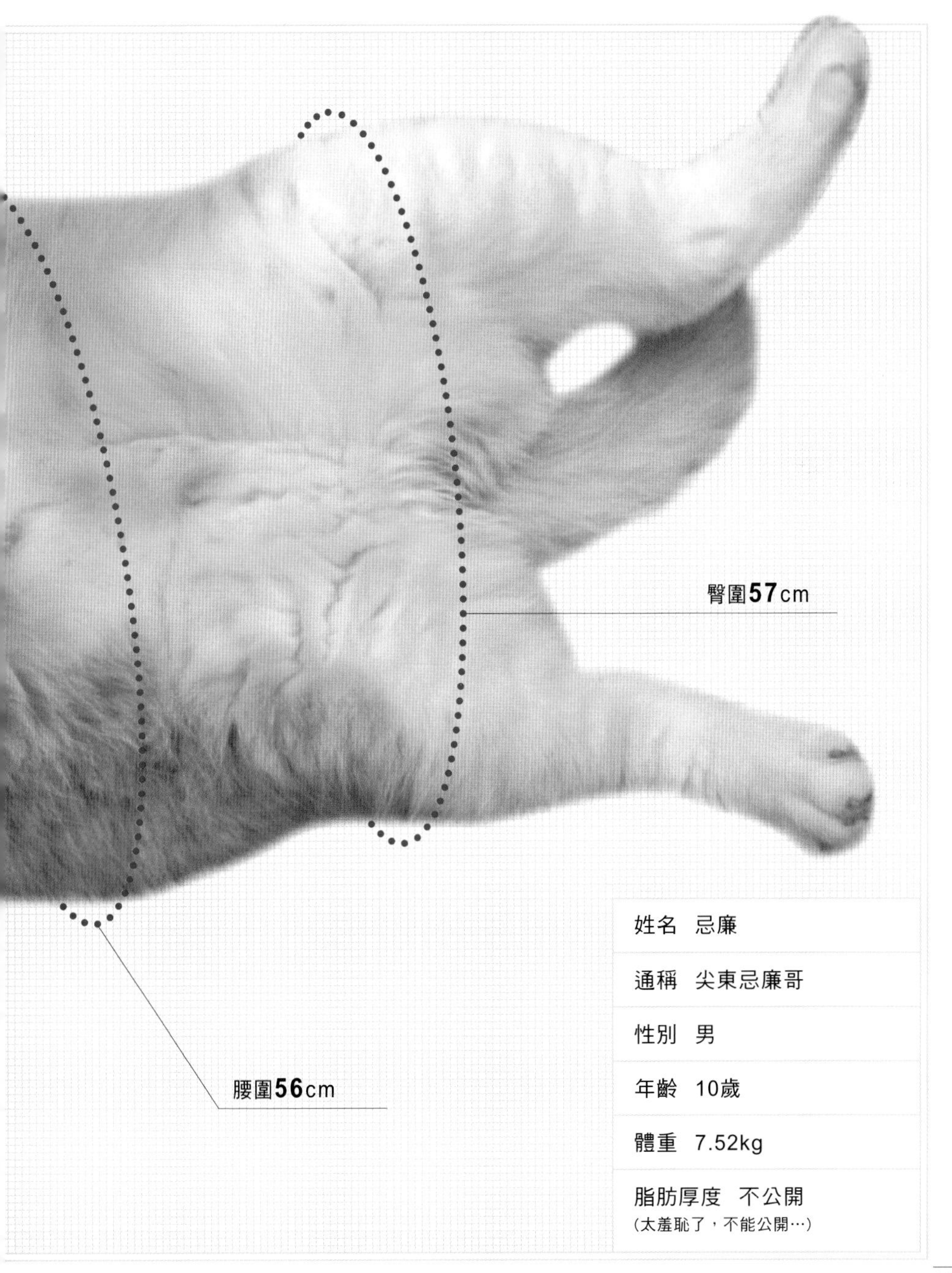
臀圍57cm
腰圍56cm
姓名　忌廉
通稱　尖東忌廉哥
性別　男
年齡　10歲
體重　7.52kg
脂肪厚度　不公開
(太羞恥了，不能公開…)

眼睛

專長是啾咪。
「凡事只要睜一隻眼、
閉一隻眼就好囉。」

嘴巴

「雖然從正面看上去很像是被埋沒在脂肪當中，很難找到，但像這樣近拍出特寫的話……咦，還是找不到嗎？」

背部

就是這個厚實的背部廣受大家好評，不但讓人感覺很牢靠，還充滿男人的哀愁。（忌廉哥自認。）

ZOOM UP!

圖片放大！

側臉

由於看起來五官立體且相當顯瘦（忌廉哥自認），所以喜歡側臉。

舌頭

只要是能吃的東西都能一口氣舔起，然後整個吞下去。

鼻子

瞬間就可嗅到貓罐頭或點心的味道。

肉球

沒想到居然是可愛的粉紅色♡
腳底的寬度是4.5cm

腳

放飯或給點心時跑超快！

尾巴

會在店裡的報紙或雜誌上啪噠啪噠地拍打，藉此撢掉灰塵。算是熱衷於工作?!

工作

書報攤的店長

香港的書報攤。香港的報紙不像台灣那樣有專人配送，因此通常都是在街上的書報攤購買。忌廉哥的店叫做「信和便利店」，是一間24小時營業、形態上類似超商的店。除了販賣報紙、雜誌、香菸以外，也有賣零食、飲料、忌廉哥周邊商品和貓飼料。此店的店長由忌廉哥掌職，副店長則是由忌廉哥的愛妻一「忌廉嫂」擔任。夫妻倆都住在店裡，同時也幫忙顧店。

迷人之處

玩到入神的時候，會不小心露出呆蠢的一面。

性格

文靜、自在、悠哉、大器、悠閒、天真……全部用2個字就能形容的好懂性格。
不過，正是因為沉默寡言又值得依賴，對任何事都能處變不驚，很有包容性的大哥風範！
以上是周邊的人自顧自認為的，真是好用的形象呢！

香港的大明星！

在香港的動物界中，拍攝廣告等媒體演出次數NO.1、出版過3本寫真集、有自己的粉絲俱樂部、FB粉絲頁擁有17萬以上的粉絲、周邊商品種類眾多，甚至還成為香港國際機場裡的手推車看板廣告，忌廉哥無疑是最頂尖的偶像。

目前已經出過的忌廉哥周邊商品之部分圖

2014年出版的第3本寫真集

忌廉哥在香港國際機場的手推車看板廣告

忌廉哥的家族人物關係圖

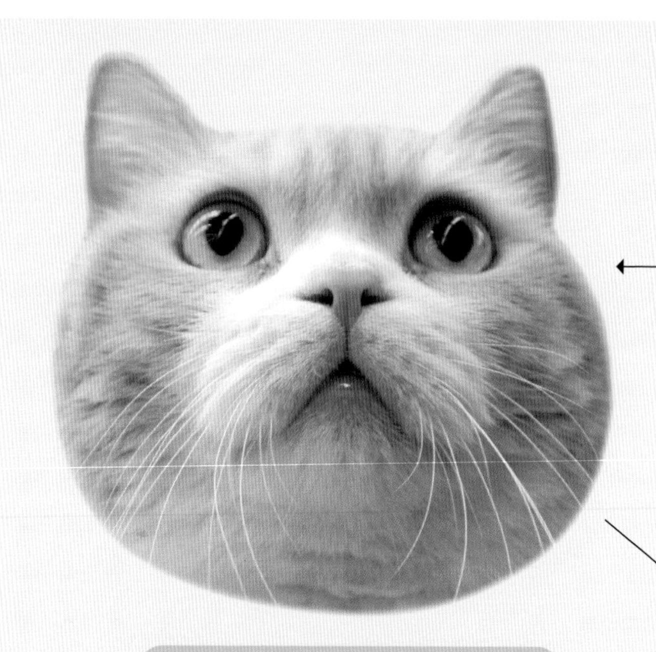

夫妻

跟羅拔高是
競爭對手

忌廉哥

兒子

最喜歡

感謝你們的支持

小高

粉絲

飼主。書報攤的老闆。小高對忌廉哥而言，是絕對的存在！不管小高說什麼忌廉哥都聽。但是面對小高的太太，忌廉哥就會變成撒嬌鬼。

一群死忠的忌廉哥粉絲。以忌廉哥為中心，似乎也拓展出粉絲同好之間的友誼。在活動當中，大家一齊變身為親衛隊模式！

忌廉嫂(妹妹)

職位是副店長，同時也是忌廉哥的愛妻。以前還沒跟忌廉哥在一起時，是個性格強勢、會把其他公貓弄哭的潑辣母貓，但跟忌廉哥相遇後就變得比較溫馴了。可是呢，其實忌廉嫂超喜歡店員大哥哥的抱抱。忌廉哥，這樣沒問題嗎？？

部下

上司

店裡的員工 英姐&美男

書報攤24小時營業，這位大夜班&早班的員工是店長－忌廉哥的部下？但真要說的話，其實都是他們在照顧忌廉哥。

小高家的貓咪們

小高夫妻倆人都很喜歡貓咪，自己家裡也養了4隻貓。

像親子般的關係

羅拔高

7歲。即使連腳邊都不願意讓忌廉哥靠近半分的高自尊心貓咪。

高妹

1歲半。高家的長女。高妹是忌廉哥的粉絲在高妹4個月的時候託付給小高飼養的貓咪。

疼愛

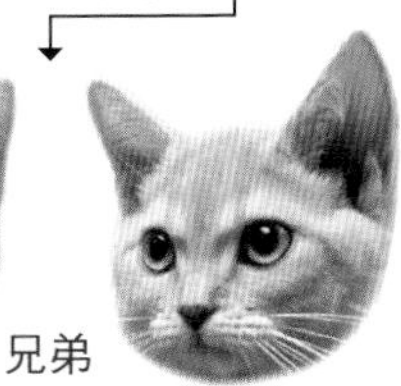

兄弟

蛋糕仔&牛奶仔

6個月。新來的兄弟。最近由於忌廉哥知名度的關係，常有人來店裡委託小高幫忙中途送養，這對兄弟便由小高家自己收編了。

喜歡的食物

貓罐頭。特別喜歡加有日本和牛與英國起司的罐罐。另外，也喜歡鳳梨和蘋果等新鮮水果。對於貓乾糧反而不喜歡。(基本上比較喜歡不用咬，直接就可以吞進去的類型。)

但由於現在正在減重中，對於美食還是要節制一下。

喔！
吃點心的時間到了嗎？

我開動了~！

再來一條！

專長

Cosplay。基本上不管給他穿什麼、裝飾什麼都無所謂。(只是因為懶得動!?)
感覺穿成這樣被拍照也不壞的樣子。

聽說這是
最新型的眼鏡。
HONG KONG

老爸也戴了
新的太陽眼鏡嗎？

…這個一定會流行！

害怕的東西

是愛妻忌廉嫂嗎!?如果大家都只關注忌廉哥，愛吃醋的忌廉嫂心情就會不太好。
會故意擺出可愛的Pose，或者來搗亂，而且還會遷怒於忌廉哥之類的。

我也要表現一下給
粉絲看看才行！

淑女怎麼可以
擺這種Pose…
有意見嗎!?
你還不是只要
在那邊睡就好了~

對、對不起。

座右銘

『退一步，海闊天空。』（這個成語的意思是，退一步，可以讓視野更寬廣，望得大海無邊無際、天空也無盡寬闊。不執著於任何事，只要退一步看事情，內心便能更加寬容。）忌廉哥是一隻天生體型龐大，討厭活動的文靜貓咪。不過退一步觀察他的話，就會發現他是一隻值得信賴、不拘泥於小事、擁有大哥風範的穩重貓咪。

啊噗噗！
百面相
忌廉哥的變臉術

Super! 超級店長的一天

嗨，早安。你工作到早上嗎？
香港人真是24小時勤奮工作啊。
啊，我也是嗎？

晨 在店門口沐浴晨光

午 鍛鍊身材

大家都搞錯了啦！
還以為我是純天然的！說我這身材是天生的！還說就算硬逼我運動，我也瘦不下來。

我不行了！

顧店

今天推薦的是這個。
香港的漫畫果然還是嚴苛的動作劇為大宗捏。可是看的時候會不小心太過於認真，反而會讓人疲累想睡耶……。

粉絲福利

歡迎光臨。
啊，要拍照嗎？好喔。
但是不可以開閃光燈喔。
那，你要買什麼？啊，但是請不要摸我喔。
所以？你要果汁？還是香菸？
啊，走掉了。

晚餐

喔！等好久了！
今天的罐罐是什麼口味？

哥喜歡的是豐腴的女人，妳可別給我減肥喔。
要確實吃飽喔……妳有在聽嗎？
好吧，算了。反正妳那邊的也比較大碗。

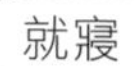
就寢

啊—已經12點了嗎！
我的工作也已經告一段落，
剩下的就交給你了。晚安！

忌廉哥物語 ① 忌廉哥的身世①

忌廉哥原本是由一位專門培育藍色（灰色）英國短毛貓的飼育專員繁殖而誕生的，由於身上大面積的奶油斑紋，讓他像是「醜小鴨」般地來到這世界。後來，過了4、5個月仍然賣不出去，最後則以幾乎免費的價格半送養給第一位飼主。可是，卻被第一位飼主那裡先來的貓咪欺負，第一位飼主覺得讓忌廉哥承受這種臉上無光的事情實在太可憐了，於是就把忌廉哥託付給喜歡貓咪的友人。而這位友人就是忌廉哥現在的飼主－小高夫婦。

被小高夫婦收養之後，集寵愛於一身的忌廉哥也日益成長茁壯了起來。有時候，當小高所經營的書報攤出現大量的老鼠時，忌廉哥就會被賦予捕捉老鼠的任務而被帶到店裡。當時，忌廉哥只不過是戰戰兢兢地在店裡走來走去而已，懼怕著忌廉哥那龐大身軀的老鼠們，不費吹灰之力地，沒幾個小時就跑光光

以當紅戲劇主角中的飛行員裝扮，
登上週刊雜誌的封面！

了。小高為了表揚此功績，便任命忌廉哥擔任店長一職。

在那之後過了6年多，忌廉哥默默地做好店長的工作，也娶了「忌廉嫂」，每天都過著幸福快樂的日子。當時體重9公斤的龐大身軀和淘氣的帥貓模樣深受人們愛戴，粉絲甚至還幫忌廉哥開了個FB粉絲專頁。

不過，在2012年7月份的時候，發生一件大大改變了忌廉哥未來命運的事件。那就是，忌廉哥在24小時營業的店裡執行深夜巡邏時，失蹤了。不管怎麼找都找不到，也沒被任何監視錄影機拍到……。這件事立刻上FB貼文，失蹤訊息瞬間就擴展開來。粉絲們的協尋行動還被電視新聞等媒體大大地報導出來，全香港人的關注焦點全集中在忌廉哥身上。接著在26天後的8月5日，忌廉哥在店鋪附近的停車場被發現，並安全地被帶回。這個天大的好消息，讓全香港人一夕之間變成忌廉哥的粉絲，還有粉絲為了看一眼忌廉哥健康有活力的樣子，連續好幾天都來書報攤報到。另外，此等情況也吸引了媒體的目光，最後還造就了演出知名旅遊公司的廣告這種作夢都想不到的機會。

旅遊公司的廣告刊登在雙層巴士的車身。

為了紀念平安生還，8月5日是忌廉哥第2個生日。

HAWAIIAN HAWAIIAN
aloha~

CAPTAIN CREAM
CAPTAIN CREAM

POLICE STORY
POLICE STORY

SUPER CREAM
SUPER CREAM

MERRY CHRISTMAS
聖誕快樂！

YO, WHAT'S UP MAN?

無論何時都沒問題

如何？
看起來有沒有很敏捷，
很纖瘦的樣子啊？
2

喂喂！
不要從側面拍我啦。
3

香港旅遊 ❶ 維多利亞港

忌廉哥推薦香港之旅①

在晴空萬里的日子裡，香港島的摩天大樓一覽無遺。

香港是由維多利亞港為中心，分成香港島和與中國連接的九龍半島2個區塊。從兩岸眺望的明媚海景，可說是香港的驕傲。特別是從九龍半島南端的「尖沙咀散步道」眺望到的香港島堪稱絕景，位於心臟地帶的中環地區高樓大廈、灣仔的「香港會議展覽中心」以及廣角全景的摩天大樓，映入眼簾後肯定忍不住讚嘆。不論是白天或是夜晚的景色都絕對要來看。

另外，每天晚上8點時，會開始進行歷時約13分鐘名為「幻彩詠香江」的科幻燈光秀，此秀還擁有金氏世界紀錄認證，絕對不可錯過！

留有香港電影明星們的掌印以及簽名的紀念牌匾，也沿著維多利亞港一路鑲嵌在「星光大道」上。

乘坐作為一般交通工具行駛的「天星小輪」往返兩岸時，氣氛極佳，相當推薦！

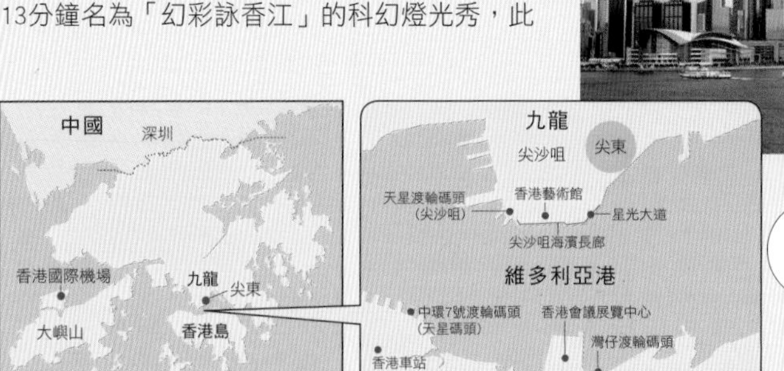

環遊世界各地的豪華客船
也會來到維多利亞港喔！
真希望有一天也可以
跟老婆一起乘坐啊~

結合燈光與音樂的饗宴「幻彩詠香江」，
絕對要來看喔！

香港引以為傲的世界級巨星！
離在隔壁建造我的銅像的日子也
不遠了吧?!

雖然有各式各樣的船，
但是可以抓到
好吃的魚嗎？

一路沿著維多利亞港的
「星光大道」，
我也好想演電影喔。

緩慢步行

緩慢步行

＼定位！／

忌廉哥的店

「信和便利店」位於九龍中心以東的尖東區，它是一間24小時營業、類似超商的書報攤。它的店面設置在大廈一樓，不論是報架或書架都設置在店外的開放式型態。這樣的開放式環境，人們只要路過店門口，店內的風貌便可一覽無遺。只要忌廉哥不是在倉庫工作（其實是在休息），就一定可以見到忌廉哥。因此，不論是店裡的常客或忌廉哥的粉絲都可以隨意來探訪。店內除了擔任店長職務的忌廉哥和擔任副店長的忌廉嫂這2位貓咪員工以外，還有身為店家老闆的小高夫妻、店員大姊和小哥，分別負責上午班到晚班、早班以及大夜班。

「信和便利店」是一家開在「南洋中心」大廈一樓的路邊店面。

由於場外馬券所就近在眼前，因此，這裡的男性人口密度很高。不過，最近商業區的大姊姊們為了要來看忌廉哥，也會趁上班前或中午休息時過來。原本就是開設在觀光區域的店家，因此觀光客也經常來此消費。

早上配置報紙的時候，忌廉哥也相當忙碌。

別家書報攤絕對沒在賣的?!
商品之其一。貓罐罐擺滿桌。

24小時拼命上班的店長也是要
休息的!請千萬不要吵醒他。

別家書報攤絕對沒在賣的!?
商品之其二。忌廉哥的周邊商品。

報紙的種類有：中文版7~8家、英文版、經濟或賽馬的專門報紙，沒有賣晚報。報紙一份就非常厚實，單面全彩，看完後手會髒髒的，請特別留意。

在觀光客中賣得最好的杯麵「出前一丁」。

用眼神向大姊示意，完全背對著客人啊！

在收銀檯旁邊放有募集中途送養資金的捐錢箱「忌廉哥慈善基金」。

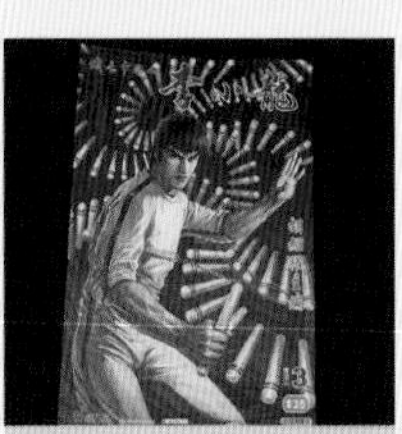

漫畫雜誌全彩，但頁數較少。幾乎都是功夫武打漫畫。另外也有販賣日本漫畫的授權翻譯版。

忌廉哥在早晚2次的用餐後，巡邏一下店裡、確認一下庫存等工作都完成後，就會跑到放在收銀檯旁邊的雜誌櫃，坐在跟忌廉嫂同款的貓抓床上顧店。這邊的層櫃是聚集忌廉哥的粉絲最旺的地方。忌廉哥休息的時候是可以拍照，不過嚴禁使用閃光燈，或者太過吵鬧把忌廉哥吵醒。

為了配合忌廉嫂的體型，忌廉嫂的貓抓床比較小一點。

基本上，是不可以碰觸忌廉哥的！但若經過小高同意就有機會可以摸到。

忌廉哥和忌廉嫂的餐桌是粉絲送的禮物。

位於用餐處的櫃子。會在這裡靜靜等待放飯。

半夜或疲累的時候，會在裡頭的倉庫休息。

稍微在巷子裡面可能有點難找，不過我的店就在大廈轉角處。

信和便利店

地址：九龍尖東麼地道75號
南洋中心地下
營業時間：24小時/全年無休
忌廉哥上班時間：周一休息！週二~週日早上8點到晚上11點。基本上是住在店裡，但像是早上、晚上或中午的時候會在倉庫裡睡覺，有時候也會因為出差不在店裡。敬請原諒！

忌廉哥的街

我的店開在尖東，這裡以6間5星級的飯店為首，另外還聚集了購物中心、免稅店「T GALLERIA」、餐廳、Bar、露天茶座等，是個有名的觀光區域。在大廈和飯店的中心，更有一座「百周年紀念花園」，它所擁有的噴水池以及綠意盎然的空間，儼然是都會區中的綠洲。尤其是在聖誕季的時候，周邊的大廈會佈置特別的聖誕燈飾，而被譽為九龍最漂亮的場所。而今，忌廉哥的「信和便利店」，也逐漸成為尖東的知名景點。

②市政局百周年紀念花園

我們店這棟南洋中心大廈
也有漂亮的燈飾喔！

③馬券販賣處

我們店的正對面就是
賣馬券的地方，因為
這樣，所以來店裡光
顧的常客才會大多是
大叔吧!?

④南洋中心 露天茶座

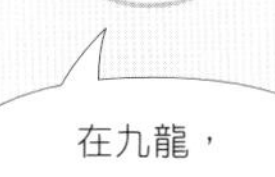

在九龍，
最漂亮的聖誕燈飾
就在我那條街喔！

營業到很晚的露天
茶座，他們的咖啡
超有人氣的！

⑤帝國中心

⑥T GALLERIA

因為是免稅店，
所以可以毫無顧忌地
盡情購物喔！

忌廉哥的周邊商品

柏金包款式的包包，上頭印有華麗的cosplay相片

超受歡迎的忌廉哥大貓臉包包

最近忌廉嫂的包包也賣得超好

忌廉哥和鴨鴨的組合，
是因為顏色和輪廓很像的關係嗎？

雖然是手提包的造型，
但其實是小零錢包

真實存在、印有忌廉哥廣告的雙層巴士之迷你玩具車

類似紹羅Q＊的迷你雙層巴士Q版玩具車

＊紹羅Q，是日本TAKARA TOMY旗下所發售的迷你玩具車，標準長度為3~4cm長，又稱Q版賽車。

在FB粉絲頁接受預購後隨即賣光的忌廉哥抱枕。可以當作抱枕的巨大身形，也有附眼罩。

雙倍享受，好貪心的錢包。正面和背面分別印有忌廉哥和忌廉嫂。

忠實地呈現忌廉嫂摺起的耳朵喔！

A4 Size的L型資料夾。
忌廉哥和忌廉嫂充滿魄力的大特寫。
照片實在太可愛了，在OL之間擁有超高人氣。

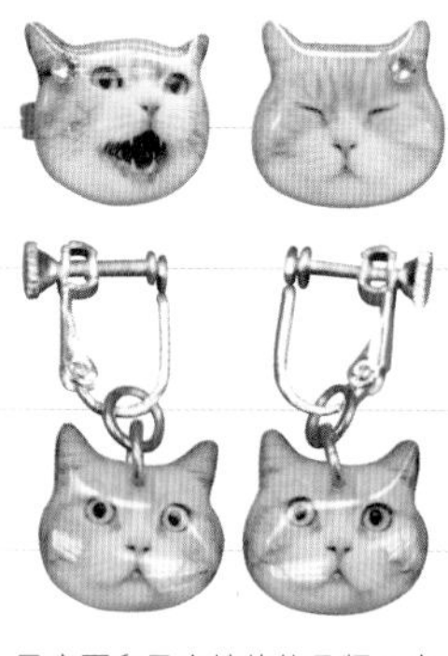

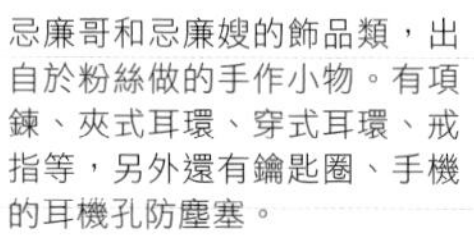

忌廉哥和忌廉嫂的飾品類，出自於粉絲做的手作小物。有項鍊、夾式耳環、穿式耳環、戒指等，另外還有鑰匙圈、手機的耳機孔防塵塞。

出席Mon Petit（貓倍麗）活動時送的塑膠化妝包（非賣品）。順帶一提，忌廉哥的店裡也有賣Mon Petit的東西喔。

手機外殼。雖然是超人氣商品，但由於追不上瞬息萬變的忌廉哥體型（!?），因此並沒有出新的尺寸。

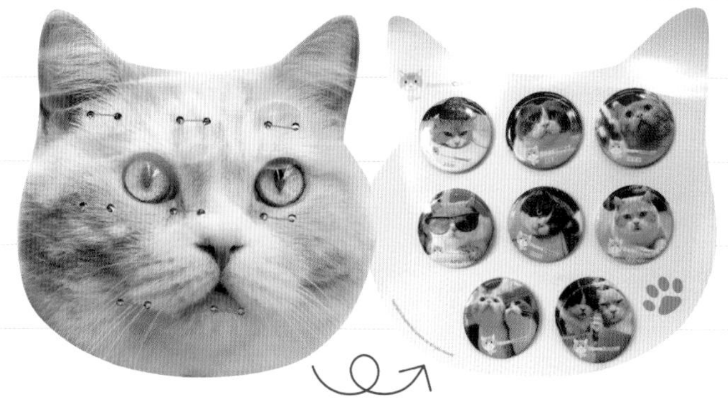

忌廉哥的超大面具……並不是。這是圓形胸章組。順帶一提，底下這個印有忌廉哥貓臉的襯紙，粉絲會把它做成聲援看板來出席忌廉哥的活動。

農曆新年時所販賣的用來裝壓歲錢的紅包袋。在香港，壓歲錢叫做「利是」，不限於小孩子，只要未婚都可以領到壓歲錢，反而已經結婚的人就一定得要發紅包出去。另外在朋友、同事之間也會互相包紅包給對方。一般而言，金額至少會落在20元港幣左右（約台幣82元）。雖然根據彼此之間的交情，金額也會有所變動，但並不是那麼地多。另外，公司主管也會包給下屬人員開工的紅包，稱之為「開工利是」。

軟嫩Q彈的立體貼紙。一般文具店也有販售，超受小孩子歡迎。

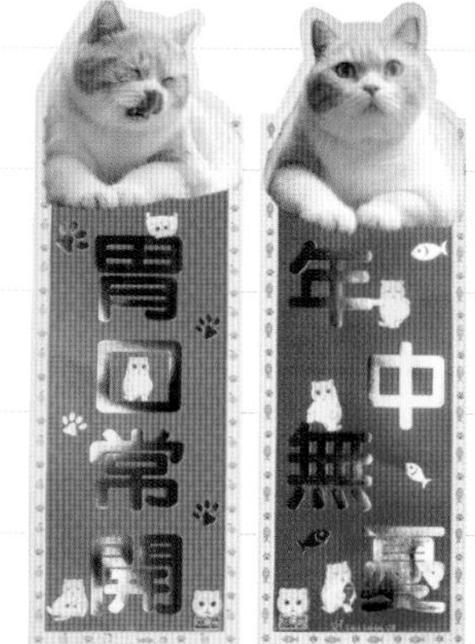

在香港的農曆新年也會裝飾類似台灣的「新春開筆」，稱作「揮春」。基本上可以自己來書寫，不過現在有賣各式各樣的吉祥物角色或該年分的生肖款式。寫在春聯上的大多都是恭賀新喜這類的成語吉祥話，不知為何，忌廉哥的揮春卻把日語中的「年中無休」寫成「年中無憂」（憂和休發音相同）。意喻「一整都要過得無憂無慮！」。左邊的是把「笑口常開」轉換成「胃口常開」，這是「食慾全開」的意思。

「歡迎餵食」是指「歡迎愛吃鬼」的意思。太適合忌廉哥了。

不是「特訓中」，而是「特瞓中」。意思是現在正「爆睡中」的意思嗎？只是瞇著眼睛睡覺就很帥。

「錫曬你」是帶有「喜歡你」語感的廣東話。直譯的話就是「想要瘋狂親吻你」般那樣地喜歡你。

從「Keep Calm and Carry On 」(冷靜地繼續應戰)轉化而來的「KEEP CALM and LOVE CATS 」，是由忌廉嫂當主角的貼紙。

以上所介紹的是目前已出過的周邊商品和紀念贈品。裡頭包含絕版品和非賣品。

無論何時都沒問題

這個是…！
Telford
Telford International Company Limited
Customer Hotline : (852) 2612 2310
http://www.mekoproducts.com
3

我要住在這裡！
4

春

夏

秋

冬

香港旅遊❷ 女人街・廟街

忌廉哥推薦香港之旅②

「女人街」
總是擠滿了
觀光客和當地人。

如果你像我這麼大隻的
僅是擦身而過就會撞到
路就是這麼窄。

被譽為購物天堂的香港，雖是以獨棟相連的高級名牌店和珠寶店所形成的商店街或購物中心而聞名，但像露天商店這種既擁擠又熱鬧的夜市才有道地的香港風味。在所有的夜市當中，位於九龍「旺角」的「女人街」，是一個超大規模的大型夜市，它的營業時間是下午3點~晚上12點過後。這邊所販賣的東西大多為包包、內衣褲和中國製商品等女性用品。所以被稱作「女人街」。但也有適合當作伴手禮的昂貴禮物或便宜的有趣小玩具。

另外若想找硬派一點的男性商品，推薦大家從「佐敦」逛到「廟街」。在這裡可以不可思議的價格買到想要的東西，請試著大聲喊出「平D」(廣東話，再便宜一點的意思)，就有機會殺成半價喔！成功機率還蠻高的。

「廟街」
是越晚越熱鬧的
男人街啊！

可別一邊看頭上的
看板一邊走路喔！
這樣太危險了！

中國風的東西在這裡
還蠻便宜的。是不是
很適合忌廉嫂呢？

雖然無法把真的食物帶回
家，但食物造型的鑰匙圈就
沒問題了！還可以拿來當作
紀念品送人喔！

商店街「彌敦道」上有一個巨
大的廣告看板。我的看板在…
咦？沒有嗎？

從早上營業到傍晚的「女人街」市場，
在這裡可以買到便宜又划算的
水果和日常用品喔！

春眠不覺曉…zzz

咦？現在是秋天了嗎？

有蜜蜂飛過！！

親密時刻，啾 Chu!

看，流星！
忌廉，你是我的明星！

忌廉哥的秘密

1 小時候超可愛！

其實，飼育員不滿意我的奶油色，所以在我出生後不久，就決定把我送養了。在送養家庭那裡有一隻先來的貓，超兇的，根本都在裝乖。那個時候我還沒被書報攤雇用，當我還在我的地盤巡邏時，有一位來香港旅遊的日本攝影師じゃんぼよしださん(Jumbo Yoshida)，偶然拍下了我這張小時候的照片。這張照片是我的粉絲幫我在FB找到的。這位攝影師還真是有眼光哪~。不過現在來看，還真有點不好意思捏。

2 專業精神可不是蓋的!?

拍攝廣告的時候，因為那是一鏡到底的長鏡頭拍攝，但我卻可以坐在敞篷車內30分鐘一動也不動，結果攝影師好像就蠻佩服我的，說：「這件事就算是人類的模特兒也辦不到」。其實我是希望在書報攤以外的地方盡可能地都不要動。因為我的正職是當店長啊，要是在其他地方弄得太累，結果在店裡打瞌睡不就糟了？順帶一提，聽說之前忌廉嫂去拍攝香港歌手的PV時，好像因為太難伺候，之後就沒人要找她去了的樣子。

3 SPA裡的常客

最近增加了不少當店長以外的工作，不但要跟歌手或演員一起拍片，還要配合變裝，可要好好注意一下儀容整潔呢。到SPA洗澡的次數也比以前多更多了。不過，每次到SPA洗澡時我都在想，我只是毛澎而已喔！(人類的話則是穿太多，但我的情況是毛多。)因為我只要一打溼，就變瘦了呀！話說，全身溼淋淋的我還帥嗎？……咦？這不叫做SPA嗎？可是老爸每次都說「帶你去SPA」然後我就被帶來了說。

4 不喜歡抱抱

每天不論早晚都會有粉絲來找我，我真的很開心，不過不可以用閃光燈喔。還有嚴禁撫摸和抱抱喔。我很討厭抱抱，既然身為男人，就該靠自己的腳走路！就算是老爸要抱我，我還是會碎念喔！

5 名字的由來

如同各位所見，我的名字由來，源自於我那奶油般的毛色，以及大家都叫我大哥。我當店長的書報攤在尖東，不知從什麼時候開始，大家就叫我「尖東忌廉哥」了。可是話說回來，當初就是因為這身天生的奶油毛色才導致我滯銷的，人心真是難懂啊～

★香港的暱稱・重點常識之其1 名字的後面加上一個「哥」字，是「哥哥」的意思。在香港，只要是成年男子，通常名字後面都會被加上一個「哥」字。曾在台灣造成轟動熱映的香港黑道電影－《英雄本色》，是由香港影星－周潤發領銜主演，他在這部戲裡的角色叫做「Mark哥」，是個可以聯想到英國殖民時期的英文名字。然而，周潤發本人在香港也被叫做「發哥」。

6 小名是閃閃發亮的名字!?

雖然大家都統一稱呼我為「忌廉哥」，但像是要我看鏡頭或是跟我講話的時候，會用跟平常不一樣的聲音叫我「BB」(寶貝的意思)、「廉廉豬」或「肥仔」。

★香港的暱稱・重點常識之其2 「豬」，在香港的意思也是叫做「豬」，不過會在豬的前面再加上其他東西，例如「傻豬」(笨蛋的意思)、「陰功豬」(看起來很可憐的意思)，通常會如此變化運用。雖然被叫做豬的話，多少會有不舒服的感覺，但在這裡請想成是可愛的小豬。這在情侶之間的甜言蜜語當中也會出現喔。而且把名字其中一個字念成疊字，在關係親密的人之間也經常如此使用。一般而言，像忌廉哥這種大胖貓就會加上一個「肥」字變成「肥仔」(胖子的意思)，女生的話就是「肥妹」。

7 樸實地減肥成功！

最近，我1天所吃的2餐主食，全是贊助商提供的減重貓糧，藉此我的體重從9kg下降到7.52kg。雖然最終目標是瘦到7kg，可是一直無法達標捏。最近拍照的時候，為了看起來瘦一點，都盡可能地由上往下拍，然後眼睛還要往上面看，還有要扭轉身體，讓身體看起來靈敏一點，擺出一些顯瘦的Pose。

8 其實很會撒嬌？

老爸説肥胖是百病之源，所以嚴格地監督我減肥，幾乎都不給我吃零食。所以我只好開始惡作劇，或者故意在店裡走來走去，不斷表達我想要吃零食的慾望，可是這樣不但很累，也常因為惹怒老爸而收場。但是老闆娘和店員大姊就不一樣了捏。只要在她們腳邊或者櫃台邊坐下，用我最會裝的彈珠圓圓眼（眼睛圓圓地，淚水汪汪的樣子）死盯著看就好。男人就是要安靜地用眼神表達訴求，千萬不可以移開視線，最後再用喉嚨發出呼嚕呼嚕的聲音就能迅速攻破！成功得到零食的機率幾乎100%！

9 喜歡會飛的東西

在成為店長之前，我的任務就是抓老鼠。到現在還是會出現當時的習慣。特別是看到會飛的東西時，我的反應最靈敏。只要蒼蠅或者小小的蚊子從眼前飛過，我立刻就會彈起來。不管當時我再怎麼想睡都會立刻清醒，會突然啪地一聲追出去，還曾經嚇到大家呢。特別是吃早餐之前，店門口會聚集一堆小麻雀整翅啄食，看了真是叫貓熱血沸騰哪~。

10 Dr.忌廉哥!?

在我的粉絲當中，有些人看起來像是足不出戶的少年或主婦，或者感到自己很孤獨的年長者。但自從他們認識我之後，為了想要見到我，憑著這股動力，成功打開了內心那道既黑暗又沉重的心扉，真的跑來找我了耶。有一個禮拜內來店裡找我好幾次的、另外還有帶著兒子和糧食遠道而來的阿姨喔。曾經很怕動物、很討厭動物的人，也在遇到我之後，態度有了180度的轉變，而且，我的粉絲，他們之間的感情都很好，讓老爸和老闆娘也獲得了更多溫暖的友誼喔，好高興喔。

香港旅遊③太平山

忌廉哥推薦香港之旅③

若想要欣賞譽有「價值百萬美金」和「東方明珠」的夜景，他的美妙之處就在於登上高聳的觀景台，俯瞰全香港街道，絕對要試試看。香港最有名的觀景台，就設置在香港島的最高山脈－太平山的登山道入口處。可以從山腳的中環地區搭乘山頂纜車，一路開上陡坡來到凌霄閣。在凌霄閣最上面有一個收費觀景台叫做「凌霄閣摩天台」，從這裡俯瞰的夜景堪稱一絕。此外，凌霄閣旁邊還有一個免費的觀景台叫做「獅子亭」，充滿中國風味非常棒！可以一覽正下方佈滿全香港島的立體的高樓大廈，以及中間隔了一個維多利亞港，綿延到中國的九龍半島摩天大樓。可以在下午4點、天色還明亮的時候搭乘山頂纜車欣賞周邊風景，並到凌霄閣或山頂廣場購物或享受美好的晚餐，待天色漸暗時，再將底下如同寶石盒一樣燦爛美麗的夜景盡收眼底，這樣的行程您覺得如何呢？

「山頂纜車」會爬上有斜度的陡坡，搭乘的時候脖子會有點痠痛喔。

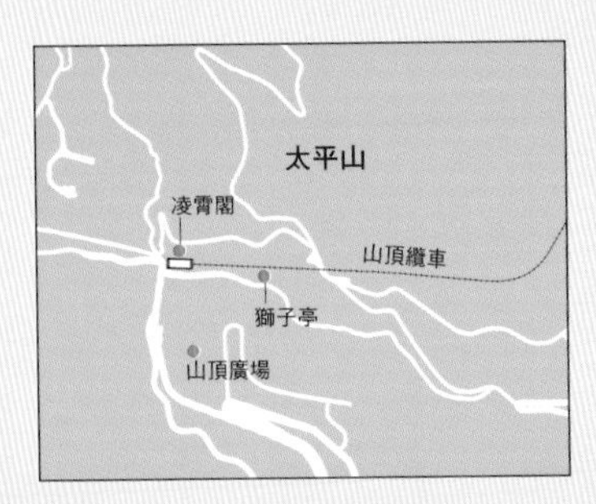

曾在明信片上看過的夜景，現在就在眼前，真是太令貓感動了喵—

「凌霄閣」也成為「山頂纜車」當中的一站。從這上面俯瞰夜景，真的不禁令貓屏息讚嘆啊！

在「凌霄閣」裡面，有各式各樣的商店和餐廳，也有杜莎夫人蠟像館和郵局喔。

「獅子亭」和一般摩登現代化的鐵塔不同，它是個小巧玲瓏、帶有中國風味的觀景台。

無論何時都沒問題

智慧型手機
也好
3

果然還是妳最好！
HONG KONG
4

半睡半醒

驚
睡ー

忌廉哥物語 ② 忌廉哥的身世②

2012年8月，自失蹤到平安尋回後不到3個月，就被知名旅行社相中，擔任該社的旅遊廣告明星。並在電視廣告、雜誌、報紙上登場亮相。距今為止，香港從未使用過貓咪角色作代言，當忌廉哥那無懼的巨星風範向大眾亮相時，人氣瞬間爆衝到最高點！隨著第一本寫真集發售的同時，也出了月曆等其他周邊商品，於是，忌廉哥從此展開身兼店長和明星的兩棲生活。

結果活躍的工作活動，經由電視和廣播曝光後，知名度再度攀升，半年之後，FB粉絲團的按讚人數就超過10萬人，甚至還成立了粉絲俱樂部。另外，忌廉哥的第2本寫真集，在「2013年香港書展」首賣第一周就狂銷1萬2千本，聖誕季的時候，在尖東區擺了4座忌廉哥的大型模型，還獲邀出席除夕跨年倒數計時晚會的主要嘉賓，2014年3月第3本書也出版了，這後續的發展真是令人出

聖誕季時，裝飾在尖東區的忌廉哥模型。

有許多人來此與忌廉哥的模型合照。

乎意料。而忌廉哥的人氣也逐漸擴展到鄰近的中文語系圈，像是澳門、台灣、中國以及馬來西亞。

不過，忌廉哥並沒有憑著自身的人氣而驕傲自大，反而把自己當作是一個愛護動物的標誌，積極參與慈善活動。並且，自己本身也設立了一個幫助認養的基金會－「忌廉哥慈善基金」，將粉絲的愛心捐款和出席活動與販賣周邊商品的收益，撥出一部分捐出去。本該是遠在天邊的巨星，但卻只要去書報攤就可以見到，這種親和力就是忌廉哥最大的魅力。如果能讓「我想要去看忌廉哥！所以我想去香港！」這種聲音擴展到世界各地，那麼忌廉哥當上國際親善大使的日子也就不遠了。

參加復活節活動的展示品。

除夕跨年倒數計時晚會，由忌廉哥擔任主要嘉賓。

於活動拍照時，自然地也都是站在中間。

巨星★突擊訪問

Q 要怎麼做才可以跟忌廉哥你一樣帥氣呢？
A 嗯－這個我沒有想過耶，維持原本的自己吧？天生、天然、保持原貌、不做作……
呃－你說的都是同一個意思耶……
啊，是這樣嗎？那可能是廣東話和國語不一樣吧。
不，我想這跟語言應該沒有關係。
那，你就翻得好一點嘛！

Q 想要跟忌廉哥一樣受歡迎必須要？

A 有句話常說，失去之後才懂得珍惜。我的情況就如同這句話一樣！我只不過是瀟灑地出門旅行3個禮拜，大家就擔心地上FB PO文搜索，搞得連報紙都來採訪，事情鬧超大的。那個時候我雖然變瘦了，但反而讓我看起來更幹練。等我回家之後，就開始有不認識的人會特地跑來看我了。緊接著就獲得拍攝旅行社廣告和出書的邀約了。

Q 享受工作的樂趣之秘訣是？

A 想一想在工作上的東西，正是因為思考著那些事，才能工作吧！

不愧是忌廉哥！您說的話好深奧啊

例如，巡完店裡之後就可以吃罐罐、只要在收銀檯討喜地對客人說聲謝謝光臨，就會得到我愛吃的慰勞品，哎呀，要動就要吃，這就叫做犒賞自己不是嗎？

啊，是指這些事啊……

Q 夫妻恩愛的秘訣是？

A 嗯－全然地接受對方的一切，無論什麼事。

不愧是忌廉哥！器量跟體型一樣大耶！

像是一下子就把自己的飯飯吃完，然後來搶我的、跟我放置不管的小老鼠（註：是玩具）玩得很開心、難搞的客人上門時就跑進去裡面不出來、忙到想借隻貓手來用的時候卻在自己的貓抓床上睡死等，我都全然接受喔。

哥該不會是怕老婆吧？

Q 聽說最近也開始進行回饋社會的公益活動？

A 我以前也過得很辛苦。所以，實在無法拋下還在吃苦的同伴不管。幸運的是，我現在過得很不錯，所以也想替大家做點事，就成立了「忌廉哥慈善基金會」。我們將粉絲的愛心捐款和我自己出席活動或販賣周邊的收益，撥出一部分捐給需要幫助的同伴。

Q 喜歡的造型是？

A 畢竟身上流的是英國短毛貓的血統，平常還是喜歡英國風的打扮哪。但最近的裝扮都是休閒風或cosplay系的比較多，傳統的英式打扮就變少了，真是寂寞啊。

造型師有話要說：比較合身的服裝，感覺脖子和腰圍的地方都快撐破了，所以才不給忌廉哥穿。而且硬要穿的話尺碼還得特別訂做才行。

香港旅遊④ 絕對要吃！飲茶・香港甜品・街邊小食

忌廉哥推薦香港之旅④

飲茶

來到香港就絕對不可錯過的港式飲茶！雖然早上到傍晚5點左右都還有得吃（基本上不賣晚餐時段），但還是最推薦中午的時候去吃！一群人熱熱鬧鬧地來到店內，然後坐在又大又寬敞的圓桌前，欣賞各式各樣的點心裝在小推車裡在店裡推來推去，然後試著在點菜單上寫下要吃幾個，比起只是在那邊吃，實際深入體驗各種經驗更是重點。

「蒸蝦餃子」
位居點心之首！
這道絕對要點。

放進蒸籠的熱騰騰蒸物和炸物，這裡聚集了各式各樣的點心，總是讓人不知要點哪一道才好~有什麼全都端上來好了~

「蒸燒賣」
在香港的話，主要都是用黃色外皮的基本款。

最近，也有做成動物造型的創意點心喔！能不能做一個以我為造型的點心呢？

香港甜品

使用了芒果、椰子等南國水果，還有豆腐、紅豆、芝麻等號稱健康的食材，另外，也網羅了藥膳等素材的香港甜品，可以在正餐之後品嘗一下喔。承襲自古以來的傳統風味，再加上結合冰淇淋和可麗餅的新口感選擇，實在教人難以決定要吃哪一種。

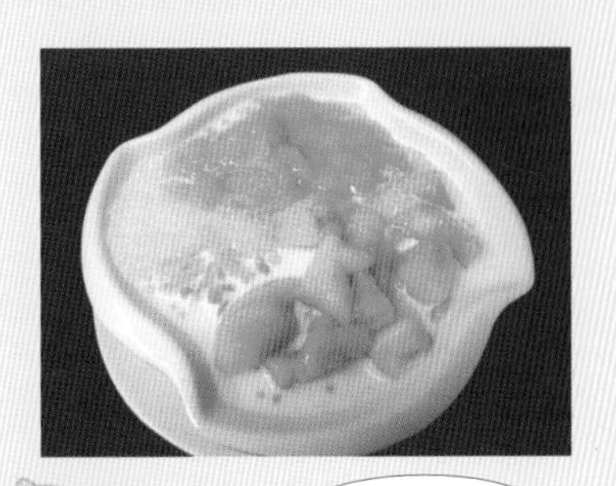

「芒果布甸」是超受女生歡迎的必點甜品。我跟我老婆也好喜歡呢。

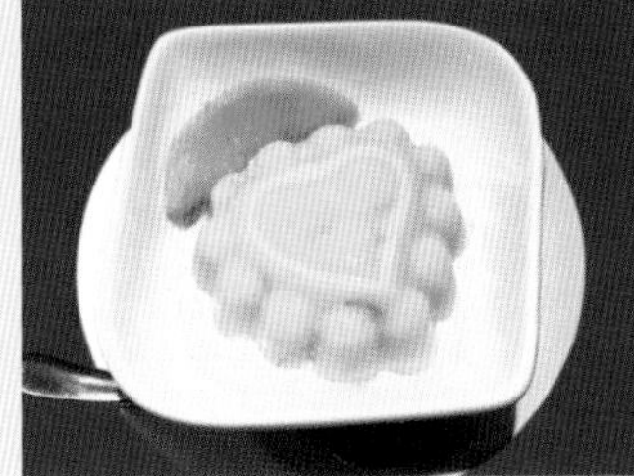

如果是在夏天炎熱的日子裡，我推薦這道有西谷米、椰奶、芒果和柚子等南國風味的「楊枝甘露」。

加有仙草凍和紅豆的傳統甜品「公司涼粉」也不容錯過！

路邊小吃

無論在哪一個國家，都有自古以來深受當地人喜愛的路邊小吃。完全不負B級美食的名號！喜歡吃甜食的人，我推薦外型像是許多雞蛋排列在一起的鬆餅「雞蛋仔」，以及比利時鬆餅「格仔餅」。咖哩口味的魚丸「咖喱魚蛋」，一顆一顆地串好，吃起來相當便利！買一串來邊走邊吃，心境上儼然已變成香港人！路邊攤必吃的、炸物類的、只要是自己喜歡的，都買來吃吧。

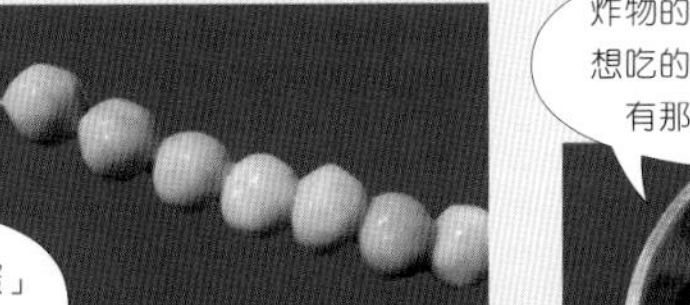

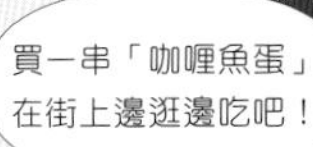

炸物的話，只要用手指指出自己想吃的就可以了，這個、那個還有那邊那個…我全都點了！

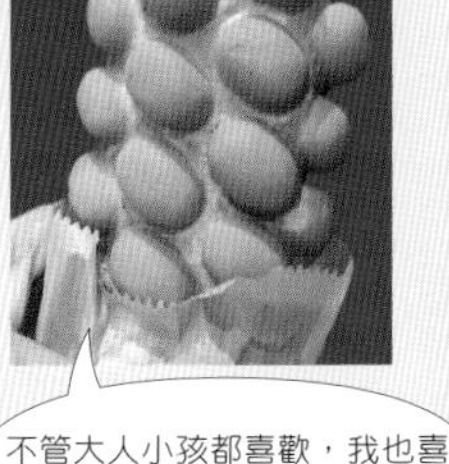

不管大人小孩都喜歡，我也喜歡！可以用手將雞蛋一顆一顆拔下來吃的「雞蛋仔」。

「格仔餅」的表面塗有奶油、煉乳和花生醬，剛做好熱騰騰的，實在令人受不了啊！

攤位熱氣騰騰！街邊小食好好玩啊喵－

喂喂，那邊那台相機，
你鏡頭也拉太近了吧？

如果給我一個好萊塢御用的教練，
我也可以練成這樣。
$30
超大隻
打鑊勁

雖然我是最想擁抱的
男人NO.1，但好像不
是這個意思吧！

我們在講悄悄話，
有事待會兒再說喔。

A Hard Day's Night...

Good Night Kiss x x x

做罐罐夢

要做個好夢喔！
嚴禁打擾
特訓中

TITLE

解憂貓店長 尖東忌廉哥

STAFF

出版	瑞昇文化事業股份有限公司
作者	忌廉哥
譯者	黃桂香
總編輯	郭湘齡
責任編輯	莊薇熙
文字編輯	黃美玉　黃思婷
美術編輯	謝彥如
排版	謝彥如
製版	明宏彩色照相製版股份有限公司
印刷	桂林彩色印刷股份有限公司
法律顧問	經兆國際法律事務所　黃沛聲律師
戶名	瑞昇文化事業股份有限公司
劃撥帳號	19598343
地址	新北市中和區景平路464巷2弄1-4號
電話	(02)2945-3191
傳真	(02)2945-3190
網址	www.rising-books.com.tw
Mail	resing@ms34.hinet.net
初版日期	2015年6月
定價	220元

國家圖書館出版品預行編目資料

解憂貓店長：尖東忌廉哥 / 忌廉哥作；黃桂香譯. -- 初版. -- 新北市：瑞昇文化, 2015.06
112　面；18.5 X 14.8　公分
ISBN 978-986-401-033-2(平裝)

1.貓 2.文集
437.3607　　104010102

HONKON NO DAI-STAR CREAM ANIKI

Facebook 搜尋「尖東忌廉哥」
Twitter : @hkcreamaniki
Instagram : @creambrother_thecat
Web : www.creambrother.com